AF495117

HISTOIRE ABRÉGÉE

DE LA

MÉDECINE VÉTÉRINAIRE.

Tg 1 3

Extrait des Mémoires de l'Académie des Sciences, Belles-Lettres et Arts de Lyon,
Classe des Lettres, tome IV.

Lyon. — Impr. de F. Dumoulin, rue Centrale, 20.

HISTOIRE ABRÉGÉE

DE LA

MÉDECINE VÉTÉRINAIRE

DEPUIS LES TEMPS ANCIENS JUSQU'A LA CRÉATION DES ÉCOLES,

PAR

M. TISSERANT,

PROFESSEUR A L'ÉCOLE IMPÉRIALE VÉTÉRINAIRE DE LYON.

DISCOURS DE RÉCEPTION

Lu à l'Académie impériale des sciences, belles-lettres et arts de Lyon,
dans la séance publique du 3 juillet 1855.

LYON.
IMPRIMERIE DE F. DUMOULIN, LIBRAIRE,
rue Centrale, 20.

1855.

HISTOIRE ABRÉGÉE

DE LA

MÉDECINE VÉTÉRINAIRE

DEPUIS LES TEMPS ANCIENS JUSQU'A LA CRÉATION DES ÉCOLES,

par

M. TISSERANT,

Professeur à l'École impériale vétérinaire de Lyon.

DISCOURS DE RÉCEPTION

Lu à l'Académie impériale des sciences, belles-lettres et arts de Lyon, dans la séance publique du 3 juillet 1855.

Messieurs,

Chacun de nous conserve au fond de son cœur quelques dates qu'il aime à évoquer et dont l'ensemble constitue la chaîne de nos souvenirs.

Parmi celles qui éveillent en moi les plus douces émotions vient se placer bien certainement le jour où l'Académie m'a fait l'honneur de m'admettre dans son sein.

Je voudrais pouvoir dignement exprimer le sentiment de gratitude que cette flatteuse distinction m'inspire; mais mon embarras redouble quand je songe au devoir qu'elle m'impose aujourd'hui et à mon insuffisance personnelle.

Si quelque chose me rassure en ce moment, c'est l'espoir qu'après m'avoir accueilli avec tant d'indulgence, l'Académie voudra bien ne pas être trop sévère pour le faible tribut que je lui apporte, et que des circonstances indépendantes de ma volonté ne m'ont pas permis de lui offrir plus tôt; c'est l'espérance que l'auditoire d'élite devant lequel j'ai l'honneur de prendre la parole, honneur que les habiles et éloquents orateurs qui m'ont précédé viennent de rendre si périlleux, m'accordera un instant de bienveillante attention.

L'histoire abrégée de la médecine vétérinaire depuis les temps anciens, sa situation au moment de la création des Ecoles destinées à l'enseigner, feront l'objet de mon discours.

La médecine de l'homme et celle des animaux sont deux divisions parallèles d'une même science; elles reposent sur des principes semblables, se servent des mêmes méthodes, rencontrent des difficultés presque égales, et sont soumises aux mêmes lois de progrès; j'essaierai de signaler leurs rapports et les avantages qui pourraient sortir de leur étude comparative.

Je ne me suis point dissimulé les difficultés de ce travail; mais je sens instinctivement tout l'intérêt qu'il pourrait offrir s'il était bien exécuté. Puissé-je être assez heureux pour ne pas rester trop au-dessous de ma tâche!

Histoire de la médecine. — Les êtres sensibles sont condamnés à souffrir et à mourir; aucun d'eux ne peut se soustraire à cette loi rigoureuse; chaque heure qui s'écoule, bonne ou mauvaise, heureuse ou funeste, les rapproche irrésistiblement du jour où ils doivent disparaître de la scène du monde, et faire place à d'autres êtres d'une durée non moins passagère.

Malgré l'admirable perfection des appareils dont se compose leur organisme, tous renferment en eux des causes d'altération et de mort. Mais ces êtres périssables ne sont pas abandonnés d'une manière absolue et sans compensation à l'influence des agents destructeurs qu'ils rencontrent dans un monde dont les lois et les phénomènes paraissent être en contradiction avec les conditions de leur propre durée. Aux animaux, Dieu a donné des instincts qui les dirigent dans l'accomplissement des actes essentiels à leur existence; à l'homme, il a donné, avec un désir ardent de prolonger sa vie, l'intelligence et la liberté.

La médecine doit sa naissance au besoin le plus impérieux de l'homme, celui de sa conservation.

Ses développements successifs, ses progrès sont le fruit de l'observation, de l'expérience et du raisonnement; comme les autres sciences elle est une conquête de l'intelligence sur les secrets de la nature.

La médecine est une science de faits; à ce titre elle est le fruit du temps non moins que du génie. Chaque jour son domaine doit s'étendre et s'enrichir de découvertes nouvelles. Mais ces faits, lentement amassés, n'ont de véritable signification et ne peuvent servir au progrès qu'autant que le raisonnement en marque les analogies et les dissemblances, et trouve les causes et les lois de leur production.

C'est l'obligation de soumettre constamment à une analyse raisonnée les résultats de l'observation et de l'expérience qui fait dire avec raison par Cabanis : qu'il est peu de professions qui demandent plus d'études préliminaires et de science, un jugement plus sûr et plus droit, que celle du médecin.

Toutes les sciences dont l'origine remonte un peu loin dans l'antiquité ont, comme les peuples eux-mêmes, quelque chose de fabuleux dans leur histoire.

La médecine dut être regardée d'abord comme un art descendu du ciel; une divinité bienfaisante était venue l'enseigner aux hommes. Isis est mise au rang des dieux pour avoir été très-habile dans la guérison des maladies.

Les chefs des peuples, les guerriers, les poètes *(vates)*, les sages furent les premiers médecins; souvent leur adresse à guérir les blessures, à soulager les malades, fut célébrée à l'égal de leur prudence, de leur courage ou de leur éloquence.

La médecine eut pour temples les temples mêmes des principales divinités des temps anciens. Tels furent ceux d'Osiris et d'Isis en Egypte, de Belus ou Baal en Assyrie, d'Apollon et d'Esculape en Grèce.

Les traces de cette alliance du sacerdoce et de la médecine se retrouvent dans tous les poèmes et les théogonies de l'antiquité.

La médecine pratique paraît n'avoir été d'abord qu'un empirisme assez grossier; on vit longtemps exposer les malades sur la voie publique, afin que chacun, en passant, pût donner son avis et conseiller le remède dont l'expérience lui avait prouvé l'efficacité. Cette coutume existait chez les Egyptiens, les Babyloniens et chez nos ancêtres les Gaulois.

Le besoin et les appétits manifestés par les malades, le hasard même, fournirent les premiers éléments de la thérapeutique diététique. S'il est vrai, comme le dit Hippocrate, que la nature prenne d'elle-même les bonnes routes et sache faire ce qui lui convient, elle a dû être d'un grand secours aux premiers observateurs.

Asclépiades. — La famille des Asclépiades fournit pendant un grand nombre de générations les prêtres consacrés au service des temples d'Esculape. C'est elle qui a conservé le principal dépôt des connaissances médicales acquises en Orient jusqu'au IVe siècle avant l'ère chrétienne.

Ces connaissances furent longtemps bornées; les inscriptions placées dans les temples et destinées à perpétuer la reconnaissance des malades et le souvenir des moyens curatifs mis en usage le prouvent assez.

Chacun des temples dont les Asclépiades étaient prêtres peut être regardé comme une école de médecine. Ceux de Cos, de Cnide, d'Epidaure éclipsèrent tous les autres. Cet enseignement, exclusivement oral, peu favorable aux progrès de l'art, était pourtant le seul connu en Orient.

Philosophes. — C'est vers le VIe siècle avant Jésus-Christ que quelques-uns de ces philosophes illustres, qui voyageaient pour s'instruire dans la sagesse, furent initiés par les Asclépiades aux secrets de la médecine. Thalès, le premier, fit entrer dans ses leçons l'histoire de la maladie. Ainsi s'accomplit l'alliance de la philosophie et de la médecine, alliance qui eut d'heureux résultats, en ce sens que les philosophes donnant à l'étude de la nature une forme scientifique, et cherchant en dehors des cosmogonies poétiques l'explication des phénomènes du monde, placèrent la science médicale sur le terrain de l'observation. Malheureusement ils ne restèrent pas toujours fidèles à cette inspiration ; souvent ils abandonnèrent le cercle limité de l'expérience pour s'égarer à loisir dans le vaste champ des conceptions imaginaires, et prétendirent pouvoir déterminer les causes de la vie et de la mort, de la santé et de la maladie, à l'aide de quelques hypothèses sur lesquelles ils fondaient une théorie plus ou moins ingénieuse du monde physique et du monde moral. Leur enseignement fut purement spéculatif, et, si l'on excepte quelques disciples de l'école pythagoricienne, ils restèrent dans le domaine de la théorie médicale.

Hippocrate. — Hippocrate vint. Issu de la famille des Asclépiades, il avait reçu de ses pères, avec les fonctions sacerdotales, le dépôt des connaissances recueillies à l'ombre des murs du temple de Cos. Il ajouta peu de chose à la thérapeutique proprement dite ; mais il sépara la médecine de la philosophie avec laquelle on l'avait depuis si longtemps confondue, détermina leurs rapports, rejeta la plupart des hypothèses imaginées pour expliquer l'organisation et la vie, proclama la méthode d'observation comme le seul flambeau propre à éclairer l'humanité dans la recherche des vérités scientifiques, et consigna dans une suite d'admirables traités destinés à faire connaître et appuyer sa doctrine, l'ensemble des connaissances qu'il avait reçues de ses ancêtres et les fruits de sa propre expérience.

Cette réforme valut à son auteur le nom de Père de la médecine. Paternité glorieuse, Messieurs, car aucune famille ne pourrait montrer des titres de noblesse aussi anciens et aussi nombreux ; aucune n'a produit tant d'hommes illustres et de bienfaiteurs de l'humanité.

La méthode d'observation a rendu d'éminents services à l'art de guérir. On lui doit une multitude de faits dégagés de toute interprétation systématique, et, par conséquent, l'histoire et l'analogisme qui sont les principales sources de l'expérience.

Doctrines.— Mais, par la nature même des objets dont elle s'occupe, la médecine est l'une des branches de l'histoire naturelle où l'imagination peut le plus facilement intervenir et se jouer parmi les hypothèses ; il était dans ses destinées de passer par toutes les erreurs du dogmatisme, et comme, selon l'expression de Cuvier, aucune théorie médicale ne peut réunir un assentiment durable, comme l'empirisme est vraiment une négation de l'esprit, la médecine dut être amenée par ses progrès à cet éclectisme savant et raisonné qui caractérise l'école médicale française.

Il n'entrait pas dans mon plan de faire l'histoire didactique de la médecine humaine ; j'ai voulu seulement, par ce résumé, préciser l'époque où elle a pris rang parmi les sciences naturelles, où s'est ouvert pour elle, avec la perspective des disputes de l'école et les difficultés de l'épreuve publique, le champ indéfini du progrès.

Les découvertes de l'anatomie et de la physiologie, l'application des connaissances physiques et chimiques à l'étude des phénomènes vitaux, ont fait perdre à l'art médical le caractère hypothétique et conjectural qu'il a longtemps gardé ; elles ont pour jamais écarté les incertitudes et les luttes qui ont tant retardé son développement.

La médecine est une science. — La conscience des peuples

atteste l'utilité de la médecine. Peut-on lui refuser une place parmi les sciences positives, parce que l'essence de la vie, la nature et la source immédiate des forces organiques nous sont inconnues ; parce qu'elle n'est pas arrivée tout-à-coup à son entier développement ? Mais l'astronome, pour calculer la révolution d'un astre, doit-il savoir comment Dieu a suspendu dans l'espace tous les mondes qui le sillonnent, de quel compas il s'est servi pour tracer leurs orbites ? Le physicien, le chimiste connaissent-ils autrement que par leurs effets merveilleux ces agents impondérables dont l'action se révèle dans tant de phénomènes ? L'agriculteur, avant de confier ses récoltes à la terre, doit-il découvrir la force cachée qui fait germer la graine, met la sève en mouvement, développe les fleurs et les fruits ? Le naturaliste a-t-il soulevé le voile qui couvre le mystère de la fécondation ; n'est-ce pas l'observation qui lui a révélé l'hérédité des caractères et la constance des espèces, hérédité sans laquelle ses classifications seraient sans fondement et sans but ? Et le marin, pour diriger son navire sur les flots, a-t-il besoin de connaître la puissance mystérieuse qui fait tourner l'aiguille de sa boussole vers le nord, et balance les eaux de l'Océan dans un flux et reflux perpétuel ?

Dira-t-on aussi que l'astronomie, la physique, la chimie, l'agriculture, la zoologie, la navigation ne sont pas des sciences ? Croit-on que, comme la Minerve antique, elles soient sorties, brillantes et achevées, du cerveau d'un Jupiter moderne ?

Si les sciences médicales n'ont pas la précision et le degré d'exactitude des sciences physiques, c'est qu'elles ont à étudier des phénomènes plus complexes, souvent impossibles à isoler, ou qui échappent par mille endroits à l'œil de l'observateur.

Qui oserait nier aujourd'hui les immenses bienfaits de la médecine ? Qui pourrait contester la vérité de ses progrès ? Et les prodiges de la chirurgie n'excitent-ils pas notre admiration ? Ne consolent-ils pas des dangers que font courir à l'homme la hardresse des inventions industrielles et les perfectionnements de l'art destructeur de la guerre ?

Lyon peut revendiquer une belle part dans les progrès que la médecine et la chirurgie ont réalisés depuis cinquante ans. La patrie de Louise Labé, de Philibert Delorme, de Boissieu, de Rozier, de Ballanche, de Jacquard, d'Ampère, de Suchet et de tant d'autres, peut s'énorgueillir de ses savants, de ses artistes, de ses littérateurs, de ses guerriers ; la *ville aux merveilleuses étoffes* a bien le droit d'être fière de sa brillante industrie qui porte son nom et sa gloire aux extrémités des deux mondes, et vient de lui tresser une nouvelle couronne ; mais, disons-le sans hésiter, aucun genre d'illustration ne lui fait plus d'honneur que celui qu'elle emprunte aux travaux dont elle a enrichi la science qui a pour unique but le soulagement de l'humanité.

Lyon, Messieurs, a vu s'élever aussi dans ses murs la première école destinée à l'enseignement méthodique de la médecine des animaux. Ce sont les commencements de cette science, ses progrès, son état jusqu'au XIXe siècle, que je veux maintenant retracer.

Médecine vétérinaire, domestication. — Ce n'est point le hasard, c'est la main de Dieu qui, dès l'origine du monde, a marqué certaines espèces animales pour la servitude. L'homme les a reconnues à leurs instincts de sociabilité.

La domestication, bien qu'elle ne soit pas un fait accidentel, n'en a pas moins été suivie, pour les espèces qui ont été soumises, de conséquences dignes de toute notre attention.

Dans l'état de nature, vivant selon les lois de leur organisation, obéissant à des instincts qui les trompent rarement, cantonnés sous des climats auxquels s'adapte leur constitution, où se trouve une nourriture appropriée à leurs besoins, les animaux résistent avec énergie à toutes les causes de destruction semées autour d'eux, et ne contractent qu'un petit nombre de maladies.

Effets de la domestication. — Mais dès qu'ils passent sous le joug de l'homme et s'éloignent des lieux qui les ont vus naître, qu'en échange d'une nourriture assurée et d'un abri contre les intempéries ils donnent leur liberté, leur conformation, leurs aptitudes subissent de notables changements. Dans cet état de dépendance, ils rencontrent tous les inconvénients, tous les dangers de l'asservissement aux volontés d'un maître absolu ; ils perdent une partie de leur force de résistance, et deviennent plus impressionnables aux causes de maladies. Victimes de leur instinct de sociabilité, ils acquittent ainsi le privilége de vivre auprès de nous, de recevoir nos soins, et de partager en quelque sorte notre fortune.

L'homme aussi abuse souvent de son empire sur les animaux domestiques pour exiger d'eux un travail au-dessus de leurs forces ou en obtenir trop de produits. Ne consultant que son intérêt ou ses caprices, sans aucun souci de leur bien-être, de leur durée, il les mutile ou les épuise prématurément ; ou bien, plus habile, et j'allais dire plus barbare encore, il les réduit, dans un but intéressé, à un état de santé excessivement instable, très-voisin de la maladie.

Pour faire bien comprendre les effets économiques de la domestication et leur importance par rapport à l'homme, il faudrait décrire les races nombreuses qui, dans chaque espèce, correspondent à un besoin particulier des sociétés humaines, dans les innombrables manifestations de leur activité ; rappeler comment, à l'aide des influences climatériques, du régime et d'une application judicieuse des lois de l'hérédité, l'homme a pu modifier le type primitif des espèces au point de faire regarder les races qui en dérivent comme le produit d'une seconde création ; il faudrait montrer l'organisme animal se laissant pétrir comme une argile molle par une main intelligente, revêtant une forme nouvelle toutes les fois qu'un besoin nouveau se révèle, et fournissant à l'ingénieuse définition que Cuvier a donnée de la vie tout un ordre de preuves bien remarquables.

Importance des animaux domestiques. — L'importance des espèces domestiques est si grande, en raison des services que les animaux rendent à l'homme, qu'on peut voir en elles, dans les sociétés policées, l'un des principaux éléments de la fortune et de la prospérité publique.

« Notre orgueil s'en offenserait en vain, s'écrie l'ingénieux et savant Pariset, dans l'éloge de Huzard, les animaux subsisteraient sans l'homme, l'homme ne saurait subsister sans les animaux. Voilà pourquoi, dans l'ordre de la création, les animaux ont précédé l'homme. L'homme n'a paru qu'après eux, parce que c'est par leur secours, c'est à leurs dépens qu'il doit vivre. Jetez en effet les yeux sur le globe, et demandez-vous ce que deviendraient toutes ces nations dont il est couvert, si, tout-à-coup, une main fatale arrachait des mains de l'homme ces esclaves qu'il s'est faits ; ces mêmes animaux qui, de leur enveloppe extérieure aussi bien que de leur propre chair, aussi bien que de leur force, de leur intelligence et de leur courage, le servent, l'habillent, le nourrissent, lui épargnent les excès de la fatigue, les sévérités de la température, les horreurs du dénûment et de la faim ; qui le protégent contre la férocité de ses ennemis naturels, et qui enfin, associés à ses fureurs, je veux dire à ses gloires, combattent avec lui contre sa propre espèce. Représentez-vous, dis-je, l'homme dépourvu tout-à-coup de ces auxiliaires, que de travaux suspendus ! que d'industries éteintes ! quelle effrayante calamité ! L'homme ne va-t-il pas périr avec eux ? la terre ne sera-t-elle pas déserte ? Que feraient de pis le déluge et le feu des volcans ? Et jamais l'homme, ainsi réduit à lui-même, eût-il été plus cruellement averti de sa dépendance et de sa faiblesse ? »

But de la médecine vétérinaire. — La médecine vétérinaire a pour objet la connaissance et la conservation de ces espèces utiles, l'étude des moyens propres à en augmenter le nombre, et à les rendre meilleures et plus productives.

« Est-il une science, dit encore Pariset, qui touche à plus d'intérêts pour les protéger ? Est-il étude plus propre à éclairer toutes les autres ? N'a-t-elle pas devant elle, pour faire des expériences, un champ sans limites ? Et soit qu'elle expérimente en effet, soit qu'elle s'en tienne à la simple observation, quels secrets ne peut-elle pas nous apprendre sur une multitude de questions d'histoire naturelle, de philosophie morale, de physiologie et de médecine ? »

Disons plus, quels services ne peut-elle pas rendre à l'agriculture, à l'industrie, à l'économie politique ?

Plus l'être sensible s'éloigne des conditions dans lesquelles il paraissait naturellement appelé à vivre, plus il perd de sa puissance de réaction, plus aussi les causes de maladies ont de prise sur lui. On peut affirmer avec certitude que le nombre des affections auxquelles l'homme est actuellement sujet s'est accru à mesure qu'en s'éloignant de son berceau, de sa vie primitive, de ses habitudes simples et frugales, il s'est créé une existence plus agitée, plus artificielle. Il en a été de même pour les animaux lorsqu'ils ont été réduits à une domesticité plus étroite que celle qui leur avait été imposée par nos premiers pères.

Rapports. — A l'exception des maladies qui affectent l'intelligence, et dont les animaux ne sont pas, au reste, tout-à-fait exempts, on retrouve en eux tous les genres pathologiques énumérés dans les nosologies humaines, et presque aussi riches en espèces.

La physiologie est une. Haller prétendait qu'on ne peut porter un jugement solide sur les fonctions des diverses parties du corps si on ne les a examinées dans l'homme, dans les divers quadrupèdes, les oiseaux, les poissons, et même dans les insectes.

« Ce n'est qu'en comparant que nous pouvons juger, disait Buffon ; nos connaissances roulent même entièrement sur le rapport que les choses ont avec celles qui leur ressemblent ou qui en diffèrent, et s'il n'existait pas d'animaux, la nature de l'homme serait encore plus incompréhensible ([1]).

La médecine des brutes repose sur les mêmes fondements que celle de l'homme. Celle-ci n'est même complète qu'à la condition d'être comparative. Cette thèse est présentée et soutenue avec force par Cuvier, dans ses rapports sur les progrès des sciences.

L'analogie que le physiologiste découvre dans les fonctions de l'homme et des animaux, le pathologiste la constate dans les symptômes qui accompagnent leurs maladies. Elle explique la similitude ou la communauté des études préliminaires, des procédés scientifiques, et des moyens curatifs employés par les vétérinaires et par les médecins.

Histoire. Temps anciens. — La médecine des animaux est probablement aussi ancienne que celle de l'homme. Il est naturel de croire que l'homme a cherché de très-bonne heure à guérir les animaux avec les remèdes dont son expérience personnelle lui avait prouvé l'efficacité.

Les écrits les plus anciens ne nous apprennent que peu de choses sur l'état de la médecine des animaux, pendant les premiers âges du monde.

Moïse parle, en divers endroits du Deutéronome, des maladies des solipèdes et des ruminants. Quelques mots du Lévitique permettent de croire que les anciens Hébreux pratiquaient des opérations chirurgicales sanglantes. Ces indices, tout vagues qu'ils sont, suffisent néanmoins pour établir que les maladies étaient alors observées dans un but médical. Le fait de la transmission de certaines maladies était connu, et cette notion suppose l'observation comparative, qui est une des conditions de l'expérience.

([1]) BUFFON. — *Discours sur la nature des animaux.*

La direction des haras et des troupeaux, appartenant aux Rois d'Israël, était confiée à des intendants. Cette charge était considérable, car le bétail formait une grande partie de la richesse des premiers Juifs.

Un peu plus tard, on retrouve quelque chose de semblable dans les institutions de l'Asie et de la Grèce. Homère en fournit la preuve dans le IVe livre de l'Iliade.

Grèce. — Les Grecs se sont particulièrement occupés de la médecine du cheval ; ils l'appelaient *Ippiatria*, *Ippiatrikè*, et donnaient le nom d'*Ippiatros* à celui qui l'exerçait. C'est delà que nous avons fait *Hippiatrie*, *Hippiatrique* et *Hippiatre*, mais en donnant à ces mots un sens collectif et général.

Cette préférence des Grecs pour l'hippiatrie s'explique naturellement par le prix que devaient attacher à la conservation du cheval des peuples guerriers, amis des arts et des plaisirs, et dont la civilisation etait fort avancée. Nulle part, ce noble animal ne fut plus en honneur que chez eux. Ils lui supposèrent une origine divine. C'est Neptune qui, d'un coup de son trident, le fait sortir de la terre. Ce sont des chevaux qui emportent dans l'empyrée le char du soleil, et les dieux de l'Olympe se plaisent à leur distribuer, de leurs mains, une nourriture céleste. La déesse *Hippona* protége spécialement les écuries. Les poètes accordent au cheval une intelligence au-dessus de celle des autres animaux. Homère, dans ses admirables fictions, ne craint pas de lui faire don de la parole. Remporter la victoire dans la course des chars, aux jeux olympiques, donnait une gloire que les plus grands rois briguaient à l'égal des succès militaires. Mais ce qui prouve mieux que les chants de l'Iliade et de l'Odyssée les soins particuliers dont le cheval était l'objet dans la Grèce, ce sont les conseils judicieux que donne Xénophon pour sa conservation.

Toutefois les Grecs n'ont pas négligé complètement la médecine des autres animaux domestiques. Nous en avons la preuve dans

BIBLIOTHÈQUE IMPÉRIALE IMPR.

une remarque curieuse d'Homère sur la luxation du fémur du bœuf.

Aristote consacre à la médecine du bétail plusieurs chapitres de son histoire des animaux. Dans ses descriptions imparfaites on reconnaît aisément quelques affections graves, communes aujourd'hui.

Celse a écrit sur le même sujet des livres qui ne sont pas arrivés jusqu'à nous. Le mérite des ouvrages qui nous restent de ce célèbre médecin doit nous faire regretter la perte des autres.

Orient. — Le monument vétérinaire le plus curieux de l'antiquité est la collection des hippiâtres grecs recueillie au dixième siècle par Constantin Porphyrogénète, et qu'à tort sans doute on a attribuée à Cassianus Bassus, l'auteur présumé des Géopaniques, qui vivait beaucoup plus tôt. Elle renferme des fragments de vingt-un écrivains. « Parmi eux, remarque M. Gourdon, celui qui occupe la plus large place est Absyrte ou Apsyrte, de Pruse selon les uns, de Nicomédie selon les autres ; il paraît avoir vécu sous Constantin-le-Grand, vers 330, dans les armées duquel il aurait combattu en Scythie. Tout ce qu'il y a de lui est écrit sous forme de lettres adressées à des hippiâtres ou à des dignitaires de l'armée gréco-romaine. Il devait jouir d'une haute réputation si l'on en juge par le grand nombre de ses relations ; il fait connaître, en effet, les noms de plus de soixante de ses correspondants. Dans ses lettres, il passe en revue tous les objets concernant la médecine vétérinaire : l'hygiène, l'éducation, la pathologie, la chirurgie, l'extérieur, à l'exception de l'anatomie dont il n'est pas question (1). »

La collection des hippiâtres grecs fut publiée en latin (2),

---

(1) J. GOURDON. — *Eléments de chirurgie vétérinaire*, p. XXVII.

(2) M. Huzard fils dit que ce fut François Ier qui fit faire et publier cette traduction.

en 1528 par Jean Ruelle, en grec par Grynæus en 1537, et translatée en français par Jean Massé en 1563, par Jourdain en 1647. A travers les erreurs nombreuses qu'elle renferme, il est facile de reconnaître les indices d'une observation déjà ancienne, et la preuve que l'art n'était plus tout-à-fait alors un vulgaire empirisme. Les opérations chirurgicales étaient déjà nombreuses et variées ; quelques-unes même supposent une connaissance assez exacte de l'anatomie des régions. On trouve mentionnées, comme étant d'un usage habituel, la saignée, la cautérisation par le feu, la suture des plaies, la réduction des fractures et de l'utérus, la ponction de l'abdomen, la taille périnéale, etc.

La lecture de ces travaux conduit encore à cette autre conclusion, que du IVe au Xe siècle, dans la société gréco-romaine, la médecine de l'homme et celle des animaux se trouvaient souvent réunies dans les mêmes mains. Lafosse fait la remarque qu'Absyrte s'adresse alternativement à Hippocrate, médecin de chevaux, à Hegesagoras très-bon médecin, etc., etc.

Italie. — Les Romains ont attaché au bétail agricole plus de prix que les Grecs (1). Un passage de Varron permet de conjecturer que de son temps la médecine vétérinaire était publiquement enseignée à Rome. Si cette conjecture était fondée, elle indiquerait que le but et les limites de l'art se trouvaient dès ce moment déterminés, et que son enseignement répondait à un besoin général. Mais nous n'avons à cet égard que des renseignements fort équivoques.

Etymologie du mot vétérinaire. — L'étymologie du mot

---

(1) « A tous autres animaux le bœuf était anciennement préféré, dit Olivier de Serres, et particulièrement parmi les premiers Romains, tant prisé pour cest heureux succès, que d'avoir, le bœuf et la vache, tirant la charrue, marqué les fondements de leur ville. Par honneur, leur pays a tiré son nom du taureau, en grec appelé *Italos.* »

vétérinaire est latine (1). A Rome, on désignait les bêtes de somme (et même tous les individus composant le troupeau) par le nom collectif de *veterina, a vehendo, ad vecturam idonea*, d'où les noms de *veterinaria* ou *veterinaria medicina* donnés à la médecine du bétail, et ceux de *veterinarius* ou *veterinarius medicus* à celui qui en faisait profession.

Une autre étymologie du mot vétérinaire, également tirée du latin, a été proposée. On a prétendu qu'il venait de *vetus, veteris*, ancien, parce que c'était le plus ancien des bergers ou des valets de la ferme qui était chargé du soin des troupeaux. Varron dit effectivement que cet employé devait avoir par écrit le détail circonstancié des maladies.

Les vétérinaires paraissent avoir été nombreux en Italie, après Auguste, et dans les premiers siècles de l'empire. Plusieurs d'entre eux, cités par Valère Maxime ou par Columelle, ont publié des écrits qui ne nous sont point parvenus.

Les agronomes latins ont eux-mêmes accordé une assez large place à la question importante des animaux domestiques. Mais ce qu'ils nous ont laissé sur les maladies n'est généralement qu'un tissu d'erreurs auxquelles ils ont prêté l'autorité de leur nom. Columelle est à cet égard d'une naïveté excessive. « La vue des oiseaux de rivière et surtout des canards, dit-il, peut aussi apaiser la douleur du ventre et des intestins. En effet, dès que les bœufs, qui sentent du mal aux intestins, voient un canard, ils sont promptement délivrés de leurs tourments. La vue de cet animal guérit encore avec plus de succès les mulets et les chevaux (2). »

---

(1) J. Massé fait venir le mot *veterina* de *venterina*, et par conséquent de *venter*, ventre. « *Veterina* doncques ont été appelées du latin *quasi venterina* et sont toutes bêtes de somme propres et idoines à porter faix sur le dos, ainsi dictes pour autant qu'on lie le faix étant sur leur dos par dessous le ventre, et de là est dérivé *veterinarius*. »

(2) *Columelle*, liv. VI, paragr. VII.

Décadence de la médecine vétérinaire à Rome. — Toutefois les progrès que la médecine avait faits à Rome ne se soutinrent pas, car Végèce, qui écrivait au IVe siècle, déplore l'état d'avilissement dans lequel elle est tombée. Le traité spécial qu'il a publié sous le titre de : *Ars veterinaria sive mulo-medicina*, est lui-même un témoignage de cette décadence. On ne peut guère le regarder que comme une compilation d'ouvrages grecs et latins. L'observation s'y fait à peine entrevoir. La partie chirurgicale présente seule quelque originalité.

L'ouvrage de Végèce ([1]), imprimé à Bâle en 1530, a été traduit en plusieurs langues. Il ne nous paraît plus à présent mériter la réputation dont il a joui et l'honneur qu'on lui a fait si souvent de le copier.

D'ailleurs, comme le fait remarquer judicieusement Pariset, sur les cent trente vétérinaires que cite notre antiquité, pas un seul n'a laissé sur son art un travail complet et digne de la postérité.

Sous le rapport dogmatique la médecine vétérinaire se confondait avec celle de l'homme. Elle était essentiellement humorale. En l'étudiant attentivement, on est tenté de croire que Galien n'a fait que réduire en un système savant les principes admis de son temps dans le monde médical ; on est conduit à cette supposition inattendue peut-être mais logique, que si le galénisme proprement dit n'avait pas été formulé comme doctrine, il était alors en application.

Arabes. — Les Arabes, dont les travaux sur la médecine de l'homme ne manquent ni d'importance ni d'étendue, ne nous ont rien transmis d'original sur celle des bêtes. Ils traduisirent en leur langue les vétérinaires et les agronomes

---

([1]) Publius Vegetius, auteur de l'*Art vétérinaire*, ne doit point être confondu avec Flavius Vegetius, comte de Constantinople, qui a publié un ouvrage intitulé: *De re militari*. Cette remarque appartient, je crois, à Huzard père.

de la Grèce; mais est-il vrai qu'ils les eurent bientôt surpassés? Rhazès écrivit sur les maladies du lion, mais peut-on inférer de là que les maladies des autres animaux lui fussent bien connues?

Moyen-âge. — Pendant les longues années du moyen-âge, quand l'histoire de l'Europe n'est qu'une sorte de catalogue assez incertain de guerres désastreuses, d'empires qui se créent, tombent ou se relèvent, les esprits dirigés vers les hautes questions de la théologie, ou distraits par de vaines disputes de philosophie et de métaphysique, abandonnent presque partout la culture des sciences naturelles. Celle-ci ne reprend son essor qu'au moment où l'Italie, l'Allemagne et la France se prennent à étudier les anciens.

Renaissance. — Mais la publication et la traduction, dans le cours du XVIe siècle, des auteurs de médecine de l'Orient et de Rome, ne sont point, pour l'art vétérinaire, la cause et le signe d'une véritable renaissance ; nous n'y voyons qu'un résultat de la ferveur et de l'enthousiasme avec lesquels on étudiait alors les monuments littéraires de l'antiquité, quels que fussent, au reste, leur genre et leur mérite, et de l'ardeur extraordinaire apportée dans les recherches historiques ayant pour but d'exhumer et de faire revivre les âges passés.

Cela est si vrai qu'au moment où une civilisation nouvelle sort des ruines de l'ancienne société, la médecine n'a pas même de nom particulier dans les langues qui se sont formées du latin et des idiomes locaux ou apportés par les conquérants du nord.

Maréchalerie. — En France, elle reparaît sous le titre impropre de *maréchalerie* (1).

---

(1) Bacon ne cite point la médecine vétérinaire dans son arbre généalogique des sciences.

Ce mot est emprunté aux langues du nord. Il sert aujourd'hui à désigner une profession manuelle ; mais alors il avait une autre signification. Car la langue française, pas plus que celle des Grecs et des Romains, n'avait de nom pour distinguer l'artisan qui applique des fers sous les pieds des chevaux, tandis qu'à la même époque on en trouve dans celle des Portugais, des Espagnols, des Italiens, des Allemands, des Hollandais, des Anglais, des Danois, des Russes, etc.

A cette dernière remarque, qui est due à Huzard père, le savant Inspecteur ajoute : « Le mot *marescalus*, *maréchal*, que nous avons appliqué depuis longtemps à celui qui ferre les chevaux, comme à celui qui les traite quand ils sont malades, et dont nous avons fait *maréchallerie* dans le même sens, n'est point latin, mais celte ou gaulois latinisé ; il est par conséquent moderne.

« Il dérive du mot celtique *marc'h*, *mark* ou *march* (cheval) ; mot qui existe encore dans plusieurs langues du nord, et dont les dérivés se retrouvent dans presque toutes celles de l'Europe, et du mot *schalk*, qui signifie *serviteur*.

« On sait que le *maréchal* était sous nos rois de la troisième race, celui qui avait le commandement, le soin des haras, des chevaux du prince, soit à l'armée, soit ailleurs ; c'était le *caballorum prœfectus*, le *prœfectus equorum*, le *magister equitum*.

« La maréchallerie (*marescalia*, *mareschalcia*) était l'écurie (*equile*), l'étable à chevaux (*stabulum equorum*, *equistratium*). Le chef de l'écurie était le *connétable* (*comes stabuli*) ; il avait précédé en France le *maréchal*, sous les deux premières races.

« Quoique l'origine des dignités politiques et militaires qui portent aujourd'hui encore le titre de *maréchal* soit bien évidemment la même que celle de notre *maréchal*, il ne lui appartenait point primitivement ; ce n'est que lorsque les maréchaux grands seigneurs eurent d'autres fonctions à remplir, que les maréchaux d'écurie conservèrent, prirent ou envahirent ce titre : aussi avons-nous été forcés d'en faire une mauvaise division en *maréchal-ferrant*, que l'on appelait autrefois *febvre-maréchal*, qui est le *solearum equinarum faber*, le *fabrum ferrarium*, le *ferrarius* des latins modernes, et en *maréchal-expert* qui est l'*hippiatre* proprement dit, le *medicus equarius*.

« Quoique presque tous les dictionnaires aient confondu ces deux mots ou plutôt ces deux fonctions, il est certain néanmoins qu'avec un peu d'attention on les distingue aisément encore.

« Le *marchalk* des Russes n'est point leur *kovayb* qui ferre les pieds des chevaux;

« Le *marskalk* des Suédois n'est point leur *hofsmed ;*

« Le *marskalken* des Danois n'est point leur en *grov-smed ;*

« Le *marschall* des Allemands, leur *rosz-arzt* ou *pferd-arzt*, ne sont point leur *hufschmitdt ;*

« Le *maarschalk* des Hollandais et des Flamands n'est point leur *hoef-smid* ;

« Le *marshal* des Anglais n'est point leur *farrier ;*

« Le *maresciało* ou *marescalo* des Italiens n'est point leur *ferraro*, *ferratore*, leur *maniscaleo ;*

« Le *marescal* des Espagnols et des Portugais, l'*albéitar* des premiers et l'*alreitar* des seconds qui est le *vétérinaire* des Arabes, ne sont point leur *herrador* ou leur *ferrador*, etc.

« Je ferai observer encore que tous les noms donnés dans ces différentes langues à celui qui ferre le pied du cheval, se rapportent au pied ou au métal qu'on y applique et sont modernes, tandis que le mot maréchal est évidemment plus ancien. » (1)

---

(1) Huzard père. — *Notice sur les mots Hippiâtre, Vétérinaire et Maréchal*, 1816.

Le maréchal n'avait donc autrefois rien de commun avec l'ouvrier qui *ferre* les chevaux. Comment celui-ci devint-il le vétérinaire? quelles ont été les causes de ce déplacement fâcheux de l'art de guérir, déplacement qui eut pour conséquence de le laisser, pendant de longs siècles, presque exclusivement entre les mains d'une classe d'hommes tout-à-fait illettrés? Nous pourrions citer parmi ces causes les changements apportés dans les mœurs par la suppression du régime féodal; le séjour prolongé des grands à la cour et dans les villes; l'abandon des établissements particuliers où étaient élevés et entretenus avec soin de nombreux chevaux indispensables aux luttes, si souvent renouvelées, de cette époque; l'invention de la poudre, et par suite l'importance décroissante du cheval de guerre.

Lorsque la langue française s'est définitivement constituée, elle a trouvé le *maréchal-ferrant* exerçant presque seul la médecine des animaux. Cet art devint alors la *maréchallerie*. Le mot *hippiatrie,* tiré de la langue grecque, ne le remplaça jamais complètement. Enfin, ce ne fut qu'à l'époque de la fondation des Ecoles, dans le siècle dernier, que celui de *médecine vétérinaire*, le seul dont nous fassions maintenant usage, fut substitué à l'un et à l'autre.

Hippiatrie moderne. — La découverte de l'Imprimerie avait produit une véritable révolution dans le domaine de l'imagination et de l'intelligence. Les écrits de l'antiquité et du moyen-âge se répandirent rapidement; ils furent lus avec avidité, commentés avec une curiosité fiévreuse. La médecine humaine en ressentit la plus heureuse influence. Mais la médecine vétérinaire, tombée aux mains d'hommes illettrés, ne pouvait, comme elle, s'éclairer des recherches et de l'expérience des anciens. D'ailleurs, l'héritage qu'elle avait à recueillir des Latins et des Grecs était bien peu de chose en comparaison des immenses travaux d'Hippocrate, d'Arétée, de Galien, de Celse et des Arabes, des Ecoles d'Alexandrie et de Sicile.

Le xvie siècle n'en vit pas moins paraître beaucoup d'écrits sur la médecine des animaux [1]; mais la plupart ne présentaient rien d'original, et n'étaient que des traductions ou des reproductions littérales et sans critique.

Cette époque marque néanmoins le commencement d'une période nouvelle ouverte par les écuyers italiens. L'Italie peut être regardée comme le berceau de l'équitation moderne. Cet art y fut enseigné avec méthode et talent, dès le xvie siècle. C'est dans les manéges de Naples, de Rome, de Florence, de Padoue, etc., que les Français, les Allemands, les Anglais, etc., allèrent en puiser les principes.

L'ère dont je parle est celle de l'*hippiatrie moderne*. Sa durée fut de trois siècles. Solleysel et Garsault, célèbres écuyers français, en sont les plus illustres représentants. Mais les hippiâtres ajoutèrent peu aux connaissances médicales dont la renaissance s'était trouvée en possession.

On ne trouve guère dans ces recueils médicaux ni science, ni raisonnement. L'empirisme le plus grossier y domine. C'est à peine si, de loin en loin, apparaissent quelques explications sur la nature et sur les causes des maladies. La doctrine, qui perce au milieu d'un fatras d'expressions barbares et de bizarres recettes, est un galénisme des plus élémentaires où le froid et le chaud, l'humide et le sec jouent les principaux rôles. Les auteurs ne font souvent que copier ceux qui les avaient précédés dans la carrière. L'un d'eux, séparé de nous par un siècle à peine, excellent écuyer, mais étranger aux études médicales, a recours à un médecin pour compléter son œuvre. Il se voit, dit-il, obligé d'en avertir le lecteur.

Grognier fait remarquer avec raison que la Guérinière eût

---

(1) Les auteurs de ces écrits sont des érudits, des médecins, des naturalistes, mais non des vétérinaires.

pu mieux choisir son collaborateur. Celui-ci se contenta de copier un autre écuyer du siècle précédent, Solleysel, et répéta une fois de plus des erreurs et des absurdités cent fois reproduites.

Solleysel, que la Guérinière rééditait sans s'en douter, est pour nous le type et le modèle de ces écuyers hippiâtres des XVIe et XVIIe siècles, qui ont joint à une grande habileté dans l'art du manége l'étude de l'hygiène et des maladies du cheval. Solleysel paraît avoir observé lui-même ; mais le défaut de notions précises d'anatomie et de physiologie l'entraîne à de graves erreurs. Il est d'ailleurs humoriste et méthodiste ; les échauffants et les fortifiants tiennent une grande place dans sa pharmacopée. Sa chirurgie est souvent barbare et irrationnelle (1).

Solleysel a joui d'une grande réputation. Son *Parfait Maréchal*, publié en 1664, fut longtemps le code des vétérinaires.

---

(1) Le jugement que je porte sur les hippiâtres, et qui paraîtra peut-être un peu sévère, n'est point le résultat des perfectionnements que l'art a reçus depuis la création des Écoles. Voici en quels termes Lafosse et Bourgelat appréciaient l'état de la médecine vétérinaire avant le XVIIIe siècle : « Les auteurs anciens, écrivait celui-ci, ne nous offrent partout qu'un étalage grossier d'observations superstitieuses, dignes de la barbarie de leur siècle. Les écrivains modernes, plus éclairés à la vérité, mais se ressentant encore de cette crédulité qui accompagne le berceau des arts, ont fait quelques pas dans les grandes routes et n'ont pas eu la hardiesse de pénétrer plus avant, de manière que leurs travaux semblent se borner à des compilations stériles et à une tradition de recettes le plus souvent inutiles et presque toujours pernicieuses par la fausse application des remèdes qu'elle prescrit. »

Lafosse n'est pas moins sévère pour ses devanciers : « Je n'ai rien lu de satisfaisant, dit-il, dans les auteurs qui ont écrit de l'art vétérinaire ; ils sont remplis d'idées vagues, de raisonnements faux, d'opinions absurdes, de systèmes superstitieux, d'une doctrine dangereuse ; ce qui peut se trouver de bon est tellement noyé qu'il n'est pas possible d'en tirer beaucoup de fruit. »

Les Anglais le traduisirent plusieurs fois. Il partage encore aujourd'hui avec le *Nouveau Parfait Maréchal* de Garsault, autre écuyer de la même époque, le privilége de constituer la bibliothèque médicale de ceux de nos empiriques qui savent lire.

Etat stationnaire. Causes. — Il est temps, Messieurs, de rechercher les causes qui ont retardé les progrès de la médecine vétérinaire depuis la renaissance des arts et des lettres jusqu'au XVIIIe siècle et l'ont maintenue, relativement à la médecine de l'homme, dans un état d'infériorité bien regrettable.

Ces causes sont diverses, et se rattachent aux conditions politiques et morales des classes agricoles pendant cette période.

Etat de l'agriculture. — Que pouvait être le vétérinaire quand l'agriculture était abandonnée aux esclaves, aux serfs de la glèbe, à d'ignorants métayers; quand le cultivateur ne trouvait dans les champs ni protection, ni sécurité; qu'il était obligé de s'abriter, l'hiver, derrière les murailles des villes ou des châteaux, ou de se loger dans de misérables chaumières; lorsque la terre était en grande partie couverte de landes et de forêts, et qu'à la suite d'une ou de deux mauvaises récoltes la famine, les épidémies décimaient la population et enlevaient à la terre les bras qui auraient dû la féconder; quand l'ignorance et la superstition se réunissaient pour rendre plus longues et plus meurtrières les épizooties qui ravageaient le bétail (1)?

Dans le siècle qu'on a décoré du titre de grand, titre qu'il méritait à beaucoup d'égards, on est tout surpris de trouver, dans la classe éclairée, une dédaigneuse indifférence pour l'agriculture. Les conseils si sages de Sully, d'Olivier de Serres, de Charles

---

(1) Au XVe siècle, la médecine vétérinaire était rangée en France parmi les corps de métiers. Elle n'était exercée publiquement que par de pauvres bergers, des artisans grossiers, gens sans instruction et pleins de préjugés.

Estienne, etc., les recherches de Bernard de Palissy, les ordonnances de Henry IV, sont presque sans écho et sans résultat.

Au XVIIIe siècle, l'agriculture n'est-elle pas encore, sur cette terre fertile de France, dans un discrédit général, en dépit du génie et des efforts de Colbert? Et, comme le fait remarquer notre savant confrère, M. Dareste, l'enthousiasme que soulèvent les publications des économistes est-il alors autre chose qu'un stérile engouement?

Préjugés contre l'art vétérinaire. —Mais ce qui a dû surtout s'opposer au perfectionnement de l'art vétérinaire, ce sont les préjugés dont il était l'objet. Dans le XVIe siècle, Ingrassias se croit obligé de publier, pour sa propre justification, une apologie de la médecine des animaux, et il le fait en homme qui devait être tenu pour bien coupable. Jusqu'au siècle dernier, on agita sérieusement la question de savoir si un médecin pouvait convenablement et dignement s'occuper des maladies des brutes.

Ces préjugés ne soutiennent pas l'examen. La médecine est une branche de l'histoire naturelle dont les limites peuvent être plus ou moins étendues; sans changer de caractère, elle embrasse tout ou partie de son domaine. Entre l'homme et les animaux supérieurs, sous le rapport anatomique et physiologique, il n'y a pas de différences qui nécessitent l'emploi d'instruments nouveaux de la connaissance. La plupart des conjectures hasardées sur le siége immédiat de la vie, sur la nature du principe vital, la plupart des notions de physiologie positive dont la science s'est enrichie, ne reposent-elles pas sur des expériences dont les animaux ont été les instruments et les victimes?

Les préventions dont je parle mirent obstacle à l'avancement de la médecine vétérinaire, comme le respect exagéré de l'antiquité pour la dépouille mortelle de l'homme avait opposé aux progrès de l'anatomie, de la physiologie et de l'art du diagnostic une barrière infranchissable. Mais tout le monde, heureusement, ne les partageait pas. Des médecins, des naturalistes célèbres protestèrent contre elles par leurs actes et par leurs écrits. Nous pourrions citer les noms de Laurent Joubert, Fracastor, Lancisi, etc., etc., et ajouter à ces noms connus, ceux, non moins imposants et plus nouveaux de Vicq-d'Azyr, Haller, Daubenton, Tenon, Vogel, Buffon, etc., etc.

Buffon, dans des pages élégantes, peignait les mœurs des animaux domestiques, leur organisation, leurs aptitudes, et se plaisait à faire ressortir l'importance des services qu'ils rendent à l'homme comme instruments de production, comme machines motrices ; il regrettait que la santé d'un animal aussi utile, aussi précieux que le cheval, fût presque uniquement abandonnée à la *pratique* aveugle de gens sans connaissances et sans lettres.

XVIIIe siècle. — Le moment approchait où les sciences médicales allaient recevoir un complément nécessaire. Le XVIIIe siècle ouvrait de tout côté des perspectives nouvelles. Il n'avait peut-être pas encore la véritable intelligence de tous les besoins de l'avenir, mais il la demandait évidemment à tous les essais de réforme qu'il entreprenait ou méditait. Le commerce, les arts tendaient à prendre un développement inaccoutumé ; la physique et la chimie s'enrichissaient de découvertes brillantes. Les économistes, les agronomes montraient dans l'affranchissement de l'agriculture le salut et la prospérité de la nation.

Au nombre des œuvres de régénération ou de création qui se préparaient alors, non plus dans l'ombre et par les méditations solitaires d'un homme de génie marchant en avant de son siècle, mais ouvertement et par le concours d'intelligences et d'efforts très-divers, nous avons le droit de placer la réforme de la médecine vétérinaire [1]. « Un homme, a dit un ingénieux et habile

---

[1] On a dit que la création des Écoles vétérinaires avait été, comme celle des Sociétés agricoles, une conséquence immédiate de la réaction opérée dans le XVIIIe siècle en faveur de l'agriculture. Ce n'est

critique, M. Villemain, quel que soit son génie, est toujours poussé par les efforts de ceux qui l'ont précédé et du siècle qui l'entoure. Quand un siècle commence à travailler sur quelque espérance, il ne se repose pas qu'elle ne soit accomplie ; il accumule longtemps des matériaux qui paraissaient inutiles, il prend des routes sans issue, il aperçoit des lueurs qu'il ne sait pas suivre, des traces qu'il ne reconnaissait pas, jusqu'au moment où survient un homme qui, fort de toutes les erreurs essayées avant lui, saisit le petit nombre des vérités lentement amassées par le reste des hommes, les emploie, les multiplie, élève seul la pyramide, et mérite qu'on oublie devant sa gloire tous les travaux subalternes qui furent les échelons de son génie (1). »

La réforme de l'art vétérinaire était un tâche laborieuse. Elle demandait de l'abnégation, du talent, de la volonté, et ce génie de la persévérance sans lequel les meilleures entreprises échouent; Bourgelat eut la gloire de l'accomplir.

Bourgelat. — Bourgelat, de qui vous me permettrez de vous entretenir un instant, possède un double droit à notre souvenir.

---

pas tout à fait mon avis; je ne vois là qu'une coïncidence et non une communauté d'origine. Pendant le XVIIe siècle, la production animale avait fixé plusieurs fois l'attention de l'autorité et des hommes de guerre. L'administration des haras fut créée, des importations de reproducteurs eurent lieu. L'hippiatrique moderne, née dans les manèges, était pratiquée comme art distinct dans les villes. Dans le siècle suivant, Lafosse, *maréchal* des petites écuries du roi, établit à Paris une École de vétérinaire pratique et adressa à l'Académie des sciences un Mémoire sur la nécessité de réformer l'art et de le débarrasser de toutes les erreurs qui arrêtaient ses progrès ; ce Mémoire fut imprimé dans le Recueil des savants étrangers. Ce n'étaient point des agronomes, mais des écuyers, des naturalistes et des médecins qui demandaient la création des Écoles vétérinaires, et ces établissements n'eurent, pendant la première période de leur existence, rien d'agricole.

(1) VILLEMAIN. *Etudes d'histoire moderne.*

Né à Lyon, en 1712, d'une famille honorable qui comptait parmi ses membres plusieurs fonctionnaires de l'ordre municipal et judiciaire, il fit ses premières études chez les Jésuites, étudia le droit à Toulouse, et, reçu avocat, s'attacha en cette dernière qualité au bareau du Parlement de Grenoble.

Dès sa jeunesse, Bourgelat avait montré beauconp de goût pour le cheval. Il renonça, pour s'y livrer, à la gloire que lui promettaient son talent pour la parole et ses premiers succès, et entra dans les mousquetaires. Dans cette nouvelle position, l'équitation devint son occupation favorite ; il y acquit en peu de temps une très-grande habileté, sollicita et obtint le brevet de chef de l'Académie de Lyon, et fut bientôt regardé comme l'un des premiers écuyers de l'Europe.

Au milieu de ses travaux qui avaient tous pour objet principal la connaissanee du cheval, il conçut l'idée de faire sortir l'hippiatrique de l'ornière où elle se traînait et d'en faire une science.

Son premier ouvrage date de 1747. C'est un traité d'éducation où il expose avec élégance et clarté les principes de l'École française sur l'art du manége. Il y fait preuve de plus de connaissances d'anatomie et de physiologie que n'en possèdent ordinairement les écuyers, mais il n'aborde encore aucune question médicale.

Ce dernier sujet l'avait pourtant préoccupé, car, en 1750, il commença la publication d'un ouvrage qui devait embrasser, en cinq ou six volumes, toutes les parties essentielles de la médecine vétérinaire, l'anatomie, la physiologie, la conformation extérieure, la pathologie interne et externe des animaux domestiques, la chirurgie, l'hygiène et la matière médicale.

Le temps lui manqua pour exécuter ce plan auquel il espérait même donner des proportions plus larges que ne l'indique la nomenclature précédente. « L'ouvrage dont je m'occupe, écrivait-il, en 1750, n'est qu'une ébauche, qu'une esquisse de celui qui doit le suivre et que je médite. » D'autres soins le détournèrent de ce projet.

Création de l'École de Lyon. — Bourgelat s'était lié d'amitié avec Bertin, intendant de la généralité du Lyonnais, administrateur intelligent et zélé. Souvent il l'avait entretenu de son désir de réformer la maréchalerie et des avantages que retirerait la France d'un enseignement régulier, destiné à la perfectionner et à la répandre. Devenu contrôleur général des finances, Bertin se rappela le vœu de son ami, et la création d'une École vétérinaire à Lyon fut décidée. Un arrêt du Conseil d'Etat du Roi, en date du 5 août 1761, autorise M. Bourgelat à établir à Lyon une École ayant pour objet la connaissance et le traitement des chevaux, mulets, bœufs, etc. Une somme de 50,000 francs, payable en six annuités, est accordée pour subvenir aux dépenses de la location d'une maison, d'une pharmacie, d'un laboratoire, d'un jardin-des-plantes, de la construction de plusieurs forges, de l'achat des ustensiles et des instruments qui en dépendent.

L'École s'ouvrit le 1er janvier 1762, dans un local disposé provisoirement pour cet objet et situé au faubourg de la Guillotière.

Tel fut, Messieurs, le véritable berceau de la médecine vétérinaire moderne. Vingt-deux siècles le séparent des temps où vécut Hippocrate.

Cette École, dont les commencements furent sans doute très-modestes, trouva bientôt l'occasion de prouver sa raison d'être et son utilité. Une épizootie meurtrière sévissait dans l'Est de la France; le nombre de ses victimes était singulièrement augmenté par l'abus que faisaient les guérisseurs de remèdes incendiaires dont l'usage leur était si familier. Des élèves de la nouvelle École furent envoyés pour combattre la maladie; guidés par les conseils du maître, ils furent assez heureux pour la faire cesser.

Ce service signalé vint à la connaissance du Gouvernement

qui, en 1764, permit à l'École de prendre le titre de royale et conféra à son fondateur celui de Directeur-Inspecteur.

Création de l'École d'Alfort. — Encouragé par ce premier succès, Bourgelat demanda et obtint la création d'une seconde École vétérinaire. Celle-ci fut placée près de Paris, dans le château d'Alfort, et s'ouvrit au mois d'octobre 1766. Bourgelat en prit la direction immédiate et confia celle de Lyon à l'abbé Rozier.

Organisation des Écoles. — Bourgelat avait rédigé lui-même le règlement des Écoles dont il avait la haute direction. Ce document se fait remarquer par une connaissance parfaite des besoins de l'enseignement nouveau, par une grande sévérité pour la discipline et pour la tenue des élèves ; enfin par l'attention avec laquelle il cherche à éveiller et entretenir dans l'âme de ceux-ci des idées d'émulation et des sentiments d'honneur.

Il ne se bornait pas à distribuer les matières des cours entre des professeurs, des chefs ou sous-chefs de service; il traçait avec une remarquable précision les règles d'après lesquelles l'enseignement de chaque partie doit être ordonné pour s'harmoniser avec le système général.

Le plan du fondateur embrassait toutes les branches de l'art de guérir; mais les sciences accessoires, la physique, la chimie, la botanique, etc., n'y occupaient qu'une place fort restreinte. On ne voulait alors que former des praticiens.

Projets de réorganisation. — L'enseignement vétérinaire fixa, en diverses circonstances, l'attention du Gouvernement, des assemblées délibérantes de la Révolution et des Sociétés médicales de Paris. On discuta plusieurs fois sa réunion avec l'enseignement de l'agriculture, ou avec celui de la médecine humaine, dans une sorte d'Institut général. Vicq-d'Azyr, Tayllerand firent, à cette dernière occasion, des rapports très-savants et présentèrent des projets fort ingénieux qui n'aboutirent pas.

On trouve dans le travail de ce dernier le passage suivant :

« Que la médecine et la chirurgie des animaux doivent être réunies à la médecine humaine, c'est une proposition qui n'a besoin que d'être énoncée pour qu'on en reconnaisse la vérité. Les grands principes de l'art de guérir ne changent point, leur application seule varie. Il faut donc qu'il n'y ait qu'un genre d'École, et qu'après avoir établi les bases de la science, on cherche par des travaux divers à en perfectionner toutes les parties. »

Ce projet de réunion avait déjà été présenté et vivement soutenu dans le *Journal de Paris,* en 1780, à propos de la nomination de Chabert, directeur de l'École d'Alfort, comme correspondant de la Société royale de médecine [1].

Les deux médecines et l'hygiène. — Cette association que différents Etats européens ont réalisée plus tard, et à laquelle nous devons renoncer, aurait-elle pour l'avancement de la science des résultats heureux? La considération attachée à la profession du médecin aurait inévitablement rejailli sur le vétérinaire. Un plus grand nombre d'hommes instruits se seraient occupés des maladies des animaux. La physiologie et la pathologie générales y eussent gagné en profondeur et en précision ; la médecine aurait pris plus tôt le caractère expérimental et positif qu'elle recherche maintenant ; l'anatomie pathologique eût fait de plus rapides progrès. L'ontologisme, contre lequel Broussais s'est élevé avec tant de force, eût été plus facilement détruit, et Broussais lui-même n'aurait probablement pas ajouté aux entités qu'il repoussait une entité nouvelle que l'Ecole

(1) Quelques-unes des idées d'organisation auxquelles il est fait allusion ici furent temporairement appliquées. Une chaire d'obstétrique et de traitement des luxations et fractures fut créée à Alfort, puis bientôt abandonnée. Une ferme fut annexée à cette même École. Le décret de 1806, portant organisation des haras, disposait que des écoles d'expérience seraient établies à Lyon et à Alfort; enfin, un cours d'économie rurale fut régulièrement institué de 1814 à 1825, à Alfort.

anatomo-pathologique a combattue bien longtemps. Enfin, le *spiritualisme médical*, moins absolu dans ses théories surannées et un peu stériles, serait rentré dans les voies de l'expérience, et se serait appliqué à la recherche de vérités plus utiles et plus fécondes.

Quelque avantage que la médecine vétérinaire dût retirer de son alliance avec la médecine humaine, elle ne devait peut-être pas la rechercher. Cette alliance eût été contraire à son but, à ses tendances naturelles qui l'entraînaient de préférence vers l'agriculture.

L'hygiène, dans son sens propre, est essentiellement médicale et thérapeutique. Ce n'est pas que la médecine ne puisse concourir à l'amélioration physique et morale de l'homme. Il paraît incontestable que ceux qui ont fait une étude spéciale de l'humanité, sous son double aspect, peuvent mieux que d'autres arriver à la connaissance de ses besoins, et juger avec exactitude du degré de légitimité ou d'opportunité des prétentions de l'homme au perfectionnement indéfini, et des moyens proposés pour l'y conduire. Mais la science doit s'incliner devant la liberté individuelle, devant les lois ou les mœurs ; et, il faut bien en convenir, l'amélioration de l'homme est plus du domaine de la religion, de la philosophie morale et de la politique que de celui de l'hygiène.

Les animaux domestiques, au contraire, sont pour nous une matière exploitable. Leur perfectionnement dans le sens des besoins nombreux qu'ils sont appelés à satisfaire, leur exacte appropriation aux usages divers auxquels l'homme les emploie, la création, l'importation des races plus productives ou plus précoces, plus fortes ou plus rapides, sont des problèmes de la plus haute importance qu'il devient chaque jour plus urgent d'étudier et de résoudre. Et c'est là, précisément, ce qui établit le lien de la médecine vétérinaire avec l'industrie agricole et l'économie politique, et agrandit, sous le rapport de l'hygiène, le champ de nos études.

Résultats immédiats de la création des Écoles. — La création des Écoles vétérinaires fit plus pour la science que tous les travaux individuels qui l'avaient précédée. Elle contribua, sans aucun doute, à diriger les esprits vers les études d'anatomie, de physiologie et de pathologie comparées. Des hommes célèbres à différents titres, eurent des chaires à Alfort : Daubenton, Vicq-d'Azyr, Broussonet, Fourcroy y professèrent tour à tour. Cette importance, ce développement presque subit donnés à l'une des branches des sciences naturelles ne fut certainement pas sans influence sur les progrès qu'elles firent à cette époque.

On a le droit de s'étonner que, dans un pays où toutes les sciences, où les arts brillaient d'un si vif éclat, la médecine vétérinaire n'eût pas encore été comprise dans le programme des connaissances qu'il importait de répandre. L'étonnement cesse toutefois quand on songe qu'en France l'agriculture, le premier et le plus utile des arts, était abandonnée à la plus inintelligente routine, bien qu'elle eût eu ses apologistes et ses historiens, et que parmi eux elle comptât Henri IV, Sully, Olivier de Serres, Bernard de Palissy, Duhamel, Leillère, Parmentier, l'abbé Rozier, Young et bien d'autres.

Les Écoles vétérinaires produisirent, immédiatement après leur institution, les résultats heureux qu'en attendaient leurs fondateurs. Créées au moment où se perfectionnaient les méthodes mathématiques, où la physiologie, éclairée par la découverte de la circulation et une appréciation beaucoup plus exacte des phénomènes respiratoires, pouvait secouer le joug de la scholastique et donner à la médecine un langage plus naturel et plus rigoureux, où l'observation et l'expérience étaient de nouveau proclamées comme les seuls guides à suivre dans l'étude de la nature, les Écoles durent éviter dans leur enseignement bien des erreurs ayant leur source dans les systèmes anciens.

Bourgelat et ses successeurs. — Bourgelat mourut en 1779 ; il était Inspecteur général des Écoles vétérinaires, Commissaire général des haras, membre de l'Académie des sciences (1). Il ne fut pas, à proprement parler, un homme de génie. Doué d'un véritable talent d'observation, d'une intelligence vive, d'une volonté ferme et constante, familier avec les connaissances de son temps, jaloux de la gloire de son pays, aimant le cheval et sachant l'apprécier, pénétré de l'importance toujours croissante du rôle des animaux domestiques et conséquemment de l'intérêt qui devait s'attacher à leur conservation et à leur perfectionnement, il comprit que le moment était venu de donner à l'art vétérinaire sa véritable place et d'en répandre la connaissance par un enseignement spécial et méthodique. Et il fonda les Écoles vétérinaires (2).

Bourgelat eut des disciples et des successeurs qui continuèrent son œuvre en la perfectionnant, et qui, par leur enseignement et par leurs travaux, jetèrent sur la médecine vétérinaire française un éclat qui devait la placer et la maintenir au premier rang. Citer Flandrin, Chabert, Gilbert, Huzard, les Bredin, Fromage-Defeugré, Hénon, Girard, Grognier, Moiroud, Bernard, Rainard, Barthélemy, Dupuy, Bouley, etc., c'est rappeler les noms de professeurs ou de praticiens savants dont les talents furent appréciés hors de la sphère où ils paraissaient devoir se

---

(1) Le gouvernement fit publier, aux frais du trésor, une édition des œuvres de Bourgelat.

(2) La création et l'organisation d'établissements si utiles rencontrèrent des contradicteurs et des ennemis, parmi lesquels on regrette de trouver un homme d'un mérite réel, Lafosse fils. Bourgelat, écrivait en 1770, dans la préface placée en tête de son *Essai sur les appareils et bandages* : « Tout paraît donc se réunir pour repousser les traits que l'envie lance contre notre entreprise, et qui seraient sûrement moins aiguisés, si notre dévouement était mieux connu. » Enfin, Bourgelat fut longtemps sans traitement ou n'en reçut qu'un tout-à-fait insuffisant. Mais l'insouciance, la routine ou l'envie ne tiennent compte de rien.

circonscrire, dont les écrits ou les observations contribuèrent dans une large proportion à l'avancement de la science.

« Il est peu d'institutions qui aient eu autant à lutter que les Écoles vétérinaires contre le courant destructeur qui a renversé la plupart des établissements destinés à l'instruction publique ([1]). »

Grâce au dévouement de Bredin et de Hénon, celle de Lyon fut préservée, pendant la tourmente révolutionnaire, du naufrage où allèrent s'engloutir tant d'institutions du passé.

Derniers changements. — En 1795, elle fut transportée dans les couvents abandonnés des Cordeliers de l'Observance et des Religieuses de Ste-Elisabeth, près de la place des Deux-Amants. Presque tout ce qui rappelait naguère encore la pieuse destination de ses murs a disparu pour faire place à de vastes constructions appropriées à un enseignement plus étendu. La religion et l'art se sont émus en voyant disparaître ces débris d'un autre temps, ce vieux cloître, à l'abri et dans le silence desquels tant d'âmes étaient venues chercher la solitude et la paix ; cette chapelle à laquelle se trouvait attaché le nom de Michel-Ange ! Mais, pour conserver de si précieux souvenirs, ce n'était pas assez de tardifs et inutiles regrets !

Jusqu'en 1813, l'organisation primitive des Écoles de Lyon et d'Alfort avait subi peu de changements. A cette dernière date, l'enseignement fut profondément modifié à Alfort ; mais, en 1825, une ordonnance royale ramena de nouveau l'unité dans les deux Écoles, fixa l'ordre et la nature des cours, et limita à quatre années la durée des études.

Création de l'École de Toulouse. — Enfin, une troisième

([1]) *Rapport* fait au Comité d'agriculture et des arts de la Convention nationale, le 28 nivose, an III, par la Commission d'agriculture et des arts, sur l'organisation des Écoles vétérinaires, rédigé par les CC. Gilbert et Huzard.

École, instituée sur le plan des deux autres et principalement destinée aux départements méridionaux, s'ouvrit à Toulouse en 1829 (1).

La science au moment de la création des Écoles. — Je devrais à présent faire connaître la situation exacte de la science au moment de la création des Écoles de Lyon et d'Alfort ; une étude raisonnée des travaux de Bourgelat m'en donnerait le moyen et m'en fournirait l'occasion, mais elle m'entraînerait au-delà des limites que j'ai dû me prescrire. Je me bornerai à tracer aussi brièvement que possible quelques traits de ce tableau ; laissant aux personnes qui voudraient se rendre un compte exact des progrès que la médecine vétérinaire a faits, depuis le siècle dernier, le soin de comparer avec les publications anciennes, celles que notre époque si féconde en écrivains improvisés voit surgir chaque jour.

Anatomie. — Bourgelat fut le véritable fondateur de l'anatomie vétérinaire. *L'anatomie du cheval* (2), publiée en 1598 (3), par Carlo Ruini, sénateur de Bologne, est un ouvrage excellent,

---

(1) La plupart des nations européennes s'étaient d'abord empressées d'envoyer des élèves dans les Écoles vétérinaires de la France ; elles voulurent bientôt nous imiter et créer de semblables établissements. Aucun d'eux ne possède un enseignement aussi complet et des ressources aussi considérables que les nôtres pour l'instruction théorique et pratique. Il faut dire, pour être juste, à la louange des vétérinaires Anglais, Allemands, Belges, Italiens, Espagnols, Suisses, que la science n'en a pas moins trouvé chez eux de très-habiles interprètes. Les travaux qu'ils ont publiés sont très-nombreux et très-importants.

(2) Carlo Ruini. — *Dell' Anatomia et dell' Infirmita del cavallo*, 1598. Cuvier regarde cet ouvrage comme la meilleure monographie publiée à cette date. Il dit qu'elle a été pillée par la plupart de ceux qui ont écrit sur l'anatomie du cheval pendant le XVIIe et le XVIIIe siècle.

(3) Delabère Blaine croit qu'une *Anatomie du cheval* fut publiée, en 1585, par Léonard de Vinci. Un exemplaire de cet ouvrage existerait à la bibliothèque royale de Londres.

écrit avec assez de méthode, mais renfermant encore beaucoup d'erreurs et n'embrassant d'ailleurs qu'une seule espèce. Bourgelat avait déjà fait entrer, en 1750, dans ses *Éléments d'hippiatrique*, l'anatomie du cheval. Devenu Directeur-Inspecteur des Écoles, cet abrégé lui parut tout à fait insuffisant, et, en 1768, il fit paraître une anatomie comparée du cheval, du bœuf, du mouton, etc. Les descriptions contenues dans cet ouvrage sont généralement bonnes, à l'exception toutefois de celles des vaisseaux et des nerfs qui manquent souvent d'exactitude et d'étendue; mais ces lacunes que je signale, avec un peu plus de loisir et de dissection Bourgelat eût pu facilement les combler.

PHYSIOLOGIE. — La physiologie est, comme les autres branches de l'histoire naturelle, une science d'observation. Son étude réclame la connaissance de l'organisme et d'une partie des lois qui régissent le monde matériel.

Ces connaissances manquaient aux anciens. Aussi leur physiologie était-elle presque toute hypothétique. On en a la preuve en lisant leurs ouvrages. Vainement Aristote porte dans l'histoire naturelle le flambeau de l'analyse et de l'observation et s'attache à la théorie des causes finales, il n'éclaire que très-imparfaitement l'histoire de la vie. Galien lui-même, si exact quelquefois quand il envisage isolément quelques actes physiologiques, s'égare loin de la vérité lorsqu'il veut remonter à leurs causes. Sa théorie des quatre éléments secondaires et des quatre humeurs est réellement inintelligible.

Les découvertes les plus importantes de la physiologie n'ont été acceptées qu'après avoir été appuyées sur des démonstrations anatomiques et sur des expériences. Harvey n'aurait pas eu la gloire de découvrir la circulation, si un vétérinaire espagnol du XVIe siècle, La Reyna, et plus tard, Cœsalpin, avaient vérifié expérimentalement les opinions qu'ils ont émises sur les mouvements du sang.

Les progrès de la physiologie positive ne datent que du XVIe siècle et répondent à l'impulsion donnée par Vésale aux études anatomiques. Mais le respect qu'inspiraient les anciens, les tendances de l'esprit à l'abstraction, et la répugnance des médecins à porter dans l'étude des actes vitaux la méthode d'analyse expérimentale employée par les physiciens et les chimistes, les ont singulièrement retardés. C'est par là qu'on s'explique comment on voit se reproduire encore de nos jours, avec des variantes et sous des noms divers, des doctrines qui conservent à la physiologie le caractère conjectural qu'elle a pris dans l'origine.

Longtemps l'étude des animaux a eu pour objet la connaissance de l'homme. Des analogies vraies ou fausses composaient presque toute la physiologie professée dans les Écoles. Il fallait bien, Messieurs, Bérard en convient, recourir aux brutes quand les préjugés religieux s'opposaient à la dissection des cadavres. Mais beaucoup de phénomènes qui ont été signalés ou pressentis ne peuvent être constatés que dans des expériences sur les individus vivants. Aussi, les principales découvertes de la physiologie ont-elles été faites sur les animaux. L'histoire des vivisections donnerait, à quelque époque qu'on la prît, l'histoire de la physiologie positive.

La physiologie humaine et la physiologie vétérinaire se sont nécessairement confondues en un très-grand nombre de points. Pour trouver des différences d'une application véritablement utile à la médecine, l'école vitaliste a dû les rechercher dans l'influence du principe psychique sur le cours des maladies ; cette doctrine si brillante, si féconde, quand elle se borne à envisager l'homme moral, l'homme social et religieux, est presque sans résultat, sans utilité lorsqu'elle descend dans le domaine des faits physiologiques ou pathologiques.

C'est de la création des Écoles vétérinaires que date l'étude suivie des phénomènes spéciaux que produisent dans les animaux certaines particularités d'organisation, telles que la rumination, l'extrême difficulté du vomissement dans les solipèdes, le mécanisme de l'appareil compliqué qui constitue le pied, etc., mais la plupart des notions précises que l'on possède sur ces sujets sont dues à des recherches entreprises de nos jours.

Pathologie. — Bourgelat était, en pathologie, de l'École de Boerhaave, mais il apporta toujours dans la pratique médicale un sage esprit d'éclectisme; ses successeurs et ses élèves l'ont presque tous imité. C'est à peine si les systèmes qui, dans ce siècle encore, tentèrent de révolutionner la médecine humaine eurent quelques faibles retentissements sur la pathologie vétérinaire et firent quelques prosélytes. Ils n'ont tracé que de légères empreintes que le temps efface à mesure que s'affaiblit l'écho des luttes soulevées par chaque théorie nouvelle. La possibilité de contrôler, de vérifier le diagnostic par des observations ou par des expériences directes, par des autopsies, rend les vétérinaires fidèles à cet éclectisme dont Bourgelat leur a donné l'exemple, et qui paraît être, au reste, dans l'esprit lucide et tempéré de la nation française.

Les Écoles, à l'imitation de Bourgelat, commirent dès leur naissance une faute grave, difficile à réparer aujourd'hui ; ce fut de conserver dans leur nosologie une multitude de termes vulgaires, barbares ou dénués de sens, qui ont trompé et trompent encore bien des personnes sur l'état de la science.

Matière médicale. — D'un autre côté, ne pouvant vérifier expérimentalement l'efficacité de tous les remèdes employés par les hippiâtres, Bourgelat les rejeta presque tous et recourut aux ouvrages des médecins dont il adopta la pharmacopée, en ayant seulement la précaution de modifier les doses, pour les mettre au moins en rapport avec le volume des animaux. Ce fut là une double source d'erreurs, pour le choix des médicaments, et pour la posologie qui fut incertaine et variable.

Bourgelat ayant adopté la théorie humorale et dynamique de Boerhaave, tombe nécessairement, en thérapeutique générale et relativement à la pharmaco-dynamie surtout, dans bien des écarts et s'abandonne volontiers à des explications, à des raisonnements sans fondement comme sans utilité. Aussi la *Matière médicale* est-elle la plus faible de ses œuvres.

Mais, ne craignons pas de le dire, un seul homme ne pouvait porter la lumière dans toutes les parties d'une science aussi vaste que la médecine. Bourgelat rendit pourtant quelques services à la matière médicale vétérinaire, qui ne comprenait guère avant lui que des remèdes très-complexes ou violents, dont la préparation n'était soumise le plus souvent à aucune règle fixe. S'il n'a pas entièrement fait abandonner la polypharmacie des maréchaux, il a du moins fortement appelé l'attention sur ses dangers.

Chirurgie. — Le tableau que Bourgelat traçait, en 1770, de la chirurgie vétérinaire montre assez combien elle avait alors besoin d'être perfectionnée. « Des recettes informes, amoncelées d'âge en âge, dit-il, font toute la richesse de l'art. » Puis il ajoute : « D'une autre part, armé du feu et du couteau, on a brûlé, on a coupé indistinctement au milieu des ténèbres épaisses qui voilaient la structure et l'usage des parties sur lesquelles on opérait; rien de rationnel, nulles vues, nulle méthode, nulle trace ni dans les auteurs anciens, ni dans les ouvrages même les plus récents, du plus léger progrès de la chirurgie des animaux ; nuls vestiges des appareils, ni des bandages contentifs des médicaments, ni des bandages contentifs des parties. Des embrocations, le plus souvent capables de contrarier et d'étouffer les efforts de la nature, sont encore, relativement à différentes parties du corps des brutes, les uniques secours suggérés sans doute par la facilité des poils à retenir les graisses et les huiles ; tels ont été les malheureux effets d'une routine aveugle et méprisable que les événements les plus funestes et les plus multipliés n'ont pu guérir les artistes qui n'ont jamais procédé que d'après elle [1]. »

---

[1] Bourgelat. — *Essai sur les appareils*, avertissement.

La plupart des opérations pratiquées aujourd'hui par les vétérinaires l'étaient déjà dans les siècles derniers par les hippiâtres, mais avec moins de méthode, d'habileté et d'opportunité.

Les progrès réalisés dans la chirurgie de l'homme, depuis sa dernière restauration par Ambroise Paré, sont beaucoup plus grands que ceux dont la chirurgie vétérinaire offre le tableau. Les connaissances qui auraient pu les produire n'ont point manqué aux premiers vétérinaires. Si, entre leurs mains, si depuis même, l'art n'a pas fait tous ceux qui paraissaient réalisables, cela tient surtout à ce que, dans la médecine des animaux, la pratique chirurgicale se trouve assez restreinte par la possibilité de tirer parti de beaucoup de sujets auxquels surviennent des accidents, et par l'inutilité de chercher à conserver la vie d'individus que des opérations ou des mutilations doivent laisser impropres à leur service.

Hygiène. — L'hygiène, considérée comme branche de la médecine, est, après la science des maladies, la partie la plus importante et la plus difficile des études vétérinaires. Elle embrasse dans son domaine toutes les espèces domestiques, dont l'organisation et la destination diffèrent, et comprend, outre les règles de leur conservation, celles de leur perfectionnement.

Elle s'est bornée pendant longtemps à la connaissance du cheval. Les traités d'équitation et d'hippiatrique ne vont pas au delà. Bourgelat lui-même, qui a fait entrer dans le cadre de la science et de la pratique médicales les autres espèces trop longtemps négligées, ne s'occupe que de l'hygiène de l'espèce chevaline. La conservation et l'amélioration des races bovines, ovines, etc., étaient en quelque sorte abandonnées au hasard ou à l'incurie des cultivateurs. Aussi ces races étaient-elles plutôt le résultat des influences climatériques que du fait complexe de la domesticité proprement dite.

La France, si propre à la production des principales races domestiques, avait perdu au XVIIIe siècle la suprématie que sous ce rapport elle a longtemps gardée sur les autres nations, sans s'être mise en mesure, à l'aide de la science et de l'expérience acquise autour d'elle, de se relever de cet état et de satisfaire aux besoins nouveaux que les progrès de la civilisation faisaient surgir. Les succès de l'Angleterre ou lui étaient inconnus, ou restaient pour elle lettres closes. Avec Buffon, Bourgelat et les agronomes, elle en était restée, en matière de perfectionnement, au culte de la forme. La spécialisation des aptitudes, que nous pouvons comparer à ce qu'en industrie on appelle la division du travail, lui était alors presque inconnue ; elle ne savait ni toute l'influence des modificateurs bromotologiques sur la formation des races, sur le développement et le caractère des individus, ni tout le parti que l'homme peut tirer, pour la réalisation de ses vues sur les races, de l'influence que les reproducteurs ont sur les produits de la génération.

Les questions de cet ordre n'ont été bien étudiées en France que depuis un demi siècle environ. Les travaux de Bourgelat et de ses disciples n'ont fait qu'en préparer la solution.

Je bornerai là ces considérations. J'aurais pu les étendre à la *connaissance de la conformation extérieure* des animaux, analyser le remarquable traité que Bourgelat a publié sur ce sujet, en 1768, modèle d'observation et d'exposition, que l'on consulte maintenant encore avec fruit et dont quelques pages, ainsi que le dit Grognier, ne dépareraient pas et compléteraient heureusement la belle description que Buffon a donnée du cheval ; j'aurais pu rechercher quels services l'*art de la ferrure* a rendus à la médecine comme moyen hygiénique, orthopédique et chirurgical, depuis sa création ou son importation en Europe, jusqu'au moment où les vétérinaires l'ont ramené à sa véritable importance ; enfin, j'aurais pu exposer les recherches dont les *maladies contagieuses* ont été l'objet dans le siècle dernier, rappeler la découverte de Jenner, déduire toutes les conséquences dont l'inoculation préservative a été suivie dans le passé, et conjecturer celles non moins heureuses qu'il est permis d'espérer pour l'avenir. Je crains d'avoir été déjà trop long.

Enfin, j'ai dû m'arrêter à la création des Écoles. Une étude technique et critique des progrès que la médecine vétérinaire a faits depuis cette époque eût pu être à la fois intéressante et utile, mais elle m'aurait forcé de parler des vivants, et, quoique cette tâche m'eût fourni l'occasion de louer beaucoup, j'ai dû la décliner.

Je terminerai, Messieurs, par une dernière observation qui a rapport à la science dont je viens d'esquisser l'histoire.

Protection envers les animaux domestiques. — L'homme ne voit trop souvent dans les animaux que des choses dont il peut disposer à son gré, qu'il conserve ou détruit selon son intérêt ou ses caprices. Et pourtant, ces êtres ne sont pas de purs automates. Les passions ne leur sont point étrangères : l'amour, la haine se traduisent visiblement dans leurs attitudes, dans leur regard et dans leurs actes, quelquefois même avec une grande énergie. L'attachement, le souvenir des bienfaits se peignent chez eux en signes non équivoques. Qui doute de la fidélité et de la mémoire du chien ? de l'intelligence du cheval, du cheval cette noble conquête de l'homme, l'allié des nations plutôt que leur esclave ?

L'homme a un intérêt direct à traiter les animaux domestiques avec intelligence et douceur. Mais, dans ses rapports avec eux, ne doit-il se laisser guider que par l'espoir d'un avantage matériel ? Dieu, en les créant sensibles et en faisant d'eux des serviteurs dociles, ne lui a-t-il pas fait une obligation de les protéger et de les secourir ?

La médecine vétérinaire a été créée dans un but exclusivement économique, mais ne peut-elle, en faisant le tableau des souffrances auxquelles sont exposés les animaux qui vivent sous notre joug, en les montrant en proie aux mêmes maladies, aux mêmes infirmités que nous, nous apitoyer sur leur sort, et aspirer ainsi désormais à une plus haute mission ?

Nous nous moquons de l'Indien se prosternant devant des bêtes. Notre orgueil ne nous a-t-il pas jetés dans un excès contraire? La raison qui distingue l'homme, cette raison dont il est si fier, ne devrait-elle pas le solliciter à adoucir l'empire qu'il exerce sur certains animaux, à les dédommager en quelque chose de leur patience et de leur dévouement?

Mais, disons-le, de toute part des voix généreuses s'élèvent, des associations se créent pour protester au nom de la pitié et de la justice contre les mauvais traitements qu'on inflige sans nécessité aux animaux, et dont le spectacle vient attrister si souvent notre vue. L'indifférence fait place à une pitié moralisante; la raillerie à une compassion efficace.

Notre belle patrie, à qui ne manque aucune gloire, n'a pas l'honneur d'avoir, la première, fait de la douceur envers les animaux domestiques une obligation pour tous, d'avoir dégagé cette loi des abstractions de la philosophie pour la faire entrer dans les lois positives; mais son exemple qui est si contagieux, sa voix qui est si sympathique, la feront passer, ce qui vaut mieux encore, dans les mœurs des peuples.

Cette loi est plus qu'économique : elle est moralisatrice par son but; elle est religieuse par ses tendances. Elle tend à faire sortir l'homme de l'orgueilleux isolement où il avait voulu se placer parmi les êtres de la création. En lui rappelant sa dépendance et sa faiblesse, elle veut le rendre meilleur; en l'habituant à la bonté, elle l'engage à respecter et à chérir ses semblables; et enfin, en lui parlant de sa mission sur la terre, elle cherche à élever son âme vers Dieu, vers Dieu de qui seul il tient sa raison et sa puissance et à qui il en doit compte.

www.ingramcontent.com/pod-product-compliance
Ingram Content Group UK Ltd.
Pitfield, Milton Keynes, MK11 3LW, UK
UKHW022141170726
13837UKWH00004B/1715